· 唤醒数学脑 ·

# 数到无限大

〔日〕瀬山士郎◎著　〔日〕田岛董美◎绘　张　彤◎译

U0239630

北京科学技术出版社

在我们周围，什么是用数字来表示的呢？

蜡笔的支数、足球比赛的得分等都可以用数字来表示。

我们可以通过个数来比较东西的多少，

或通过得分来判断胜负，这些都是数字的重要作用。

除此之外，电话号码、邮政编码等也是用数字表示的。

比较一下左右两页，哪一页的猫多？

虽然猫有这么多，但我们只要数一数，
就能知道哪一页的猫多。

如果只是比较两组东西的话，有一个不用数的好方法。

例如，前面比较猫的多少时，每次从每页中各拿出一只猫配成一对。

如果所有的猫都能配成对，那么就说明两组猫的数量是一样的；

如果其中一组有猫剩下了，那么就说明这组猫的数量多。

通过这种方法，我们可以知道两组东西的数量是相等的还是不相等的。

人们把这种配对比较的方法称为"一一对应"。

我们所说的"数数"，就是在数的东西和数字之间建立起一一对应关系。

根据这种一一对应关系，最后得出的数字就是东西的个数。

也就是说，只要按照这种一一对应关系数数，就能知道某样东西一共有多少了。

数不同的东西用不同的量词。

蝴蝶：只

云：片、朵

汽车：辆

船：只、艘

钉子、鞋带：根

动物：只

人：个

鞋：双

鸟：只

椅子：把

不过，因为像猫这样的动物
总是跑来跑去，
所以数起来非常麻烦。
这里有很多猫，
你知道一共有多少只吗？
喂，别动！这只猫数过了吗？
啊，这只是不是还没有
数过呀？

数过的猫去那边！
你还没数过，先待在这边！
哎呀，全乱了！
虽然这页的猫已经数过了，
但它们长得都很像，
而且还到处乱跑，
所以很容易就数乱了。
太难了！怎么办？

从前，有一个人想数一数山上一共有多少棵树。

但由于每棵树都长得很像，时间一长他就记不清哪些树数过了。

于是，他想了一个好办法。他剪了很多布条，在每棵树上都系一根布条。

所有的树都系上布条后，他再把布条全部解下来，最后数一数有多少根布条。

数布条的话就简单了，不易出错。树和布条是一一对应关系，所以二者的数量是相等的。

这样，通过布条的数量就知道树的数量了。

那准备 100 根绸带，在每只猫的尾巴上都系一根吧。

还有没系绸带的猫吗？
"我的尾巴上还没有系绸带呢。"
"我觉得我适合系蓝色的绸带。"

好，现在所有猫的尾巴上都系上绸带了吧？那么，一共有几只猫呢？

系着绸带的猫又开始到处乱窜了。

"我不要解下绸带，我就要这样一直系着绸带！"

啊，小咪和小闹系着绸带跑出去了！
如果不抓到它们解下绸带的话，
那岂不是和直接数猫一样了吗？

猫都系着绸带跑了。

不能解下绸带，也就不知道绸带的数量了。

怎么办呢？

啊，有了！正好准备了 100 根绸带，

所以我们可以利用这条信息来推算出猫的数量。

数一数还剩多少根绸带吧。剩了 23 根绸带，
那系在猫尾巴上的绸带有多少根呢？
系在猫尾巴上的绸带数就是
100-23=77，77 根。
那么，有多少只猫呢？……77 只！

这里就运用了数学中的"一一对应"。

如果绸带和猫的数量是一一对应的，那么数一数剩下的绸带，就知道有多少只猫了。

一共有 100 根绸带。

……剩下 23 根。

1 0 0 0 0 0 0 0 0 0 0 0 0 0 0 0 0 0 0 0 0 0 0 0 0 0 0 0 0 0
0 0 0 0 0 0 0 0 0 0 0 0 0 0 0 0 0 0 0 0 0 0 0 0 0 0 0 0 0 0
0 0 0 0 0 0 0 0 0 0 0 0 0 0 0 0 0 0 0 0 0 0 0 0 0 0 0 0 0 0
0 0 0 0 0 0 0 0 0 0 0 0 0 0 0 0 0 0 0 0 0 0 0 0 0 0 0 0 0 0
0 0 0 0 0 0 0 0 0 0 0 0 0 0 0 0 0 0 0 0 0 0 0 0 0 0 0 0 0 0
0 0 0 0 0 0 0 0 0 0 0 0 0 0 0 0 0 0 0 0 0 0 0 0 0 0 0 0 0 0
0 0 0 0 0 0 0 0 0 0 0 0 0 0 0 0 0 0 0 0 0 0 0 0 0 0 0 0 0 0
0 0 0 0 0 0 0 0 0 0 0 0 0 0 0 0 0 0 0 0 0 0 0 0 0 0 0 0 0 0
0 0 0 0 0 0 0 0 0 0 0 0 0 0 0 0 0 0 0 0 0 0 0 0 0 0 0 0 0 0
0 0 0 0 0 0 0 0 0 0 0 0 0 0 0 0 0 0 0 0 0 0 0 0 0 0 0 0 0 0
0 0 0 0 0 0 0 0 0 0 0 0 0 0 0 0 0 0 0 0 0 0 0 0 0 0 0 0 0 0
0 0 0 0 0 0 0 0 0 0 0 0 0 0 0 0 0 0 0 0 0 0 0 0 0 0 0 0 0 0
0 0 0 0 0 0 0 0 0 0 0 0 0 0 0 0 0 0 0 0 0 0 0 0 0 0 0 0 0 0
0 0 0 0 0 0 0 0 0 0 0 0 0 0 0 0 0 0 0 0 0 0 0 0 0 0 0 0 0 0
0 0 0 0 0 0 0 0 0 0 0 0 0 0 0 0 0 0 0 0 0 0 0 0 0 0 0 0 0 0
0 0 0 0 0 0 0 0 0 0 0 0 0 0 0 0 0 0 0 0 0 0 0 0 0 0 0 0 0 0
0 0 0 0 0 0 0 0 0 0 0 0 0 0 0 0 0 0 0 0 0 0 0 0 0 0 0 0 0 0
0 0 0 0 0 0 0 0 0 0 0 0 0 0 0 0 0 0 0 0 0 0 0 0 0 0 0 0 0 0
0 0 0 0 0 0 0 0 0 0 0 0 0 0 0 0 0 0 0 0 0 0 0 0 0 0 0 0 0 0
0 0 0 0 0 0 0 0 0 0 0 0 0 0 0 0 0 0 0 0 0 0 0 0 0 0 0 0 0 0
0 0 0 0 0 0 0 0 0 0 0 0 0 0 0 0 0 0 0 0 0 0 0 0 0 · · · · · · ·

数学家康托尔运用一一对应研究无限。他发现了关于无限的既奇怪又有趣的性质。

那么，什么是"无限"呢?

"无限"的意思是无穷无尽，无论怎么数也数不完。

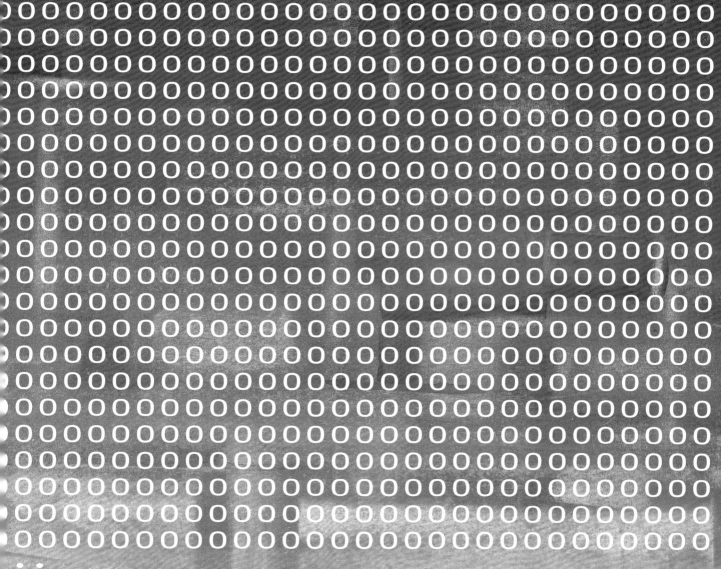

大家最熟悉的与无限相关的东西……就是数！是的，是数。

1000 是一个很大的数吧？不过，10000 更大。但是，还有比 10000 更大的数。

无论一个数多大，都会有比它还大的数。数是数不尽的。

康托尔就是研究数学中的无限的。

这是一家位于芥末胜地的、与众不同的猫咪宾馆，名叫康托儿。

这家宾馆的客房数量是无限的。

客房都是单人间，一个房间只能住一只猫。

1号房、2号房……房间按顺序依次编号。

这是一家多么了不起的宾馆啊！客房多得都看不到头！

三毛猫来到了这家宾馆。

这天晚上，从1号房一直到1328号房都住满了客人，

所以三毛猫住进了1329号房。

因为房间太远了，所以它需要坐火车去。

客人竟然需要坐火车到客房去，这还是第一次见。

一天晚上，康托儿宾馆的客人实在太多了，无限多的客房里，每间都住着一只猫。
这家宾馆竟然住进了无限多的猫。真是太厉害了！

后来，又来了一位客人——黑猫。
这下可不好办了。
因为宾馆住了无限多的猫，
所以都不知道应该让黑猫住多少号房了。

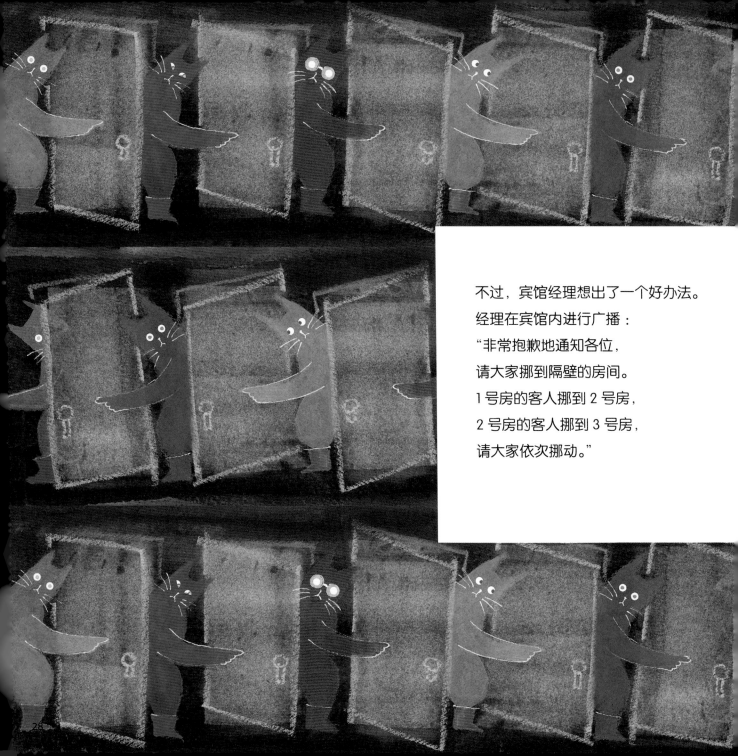

不过，宾馆经理想出了一个好办法。

经理在宾馆内进行广播：

"非常抱歉地通知各位，

请大家挪到隔壁的房间。

1 号房的客人挪到 2 号房，

2 号房的客人挪到 3 号房，

请大家依次挪动。"

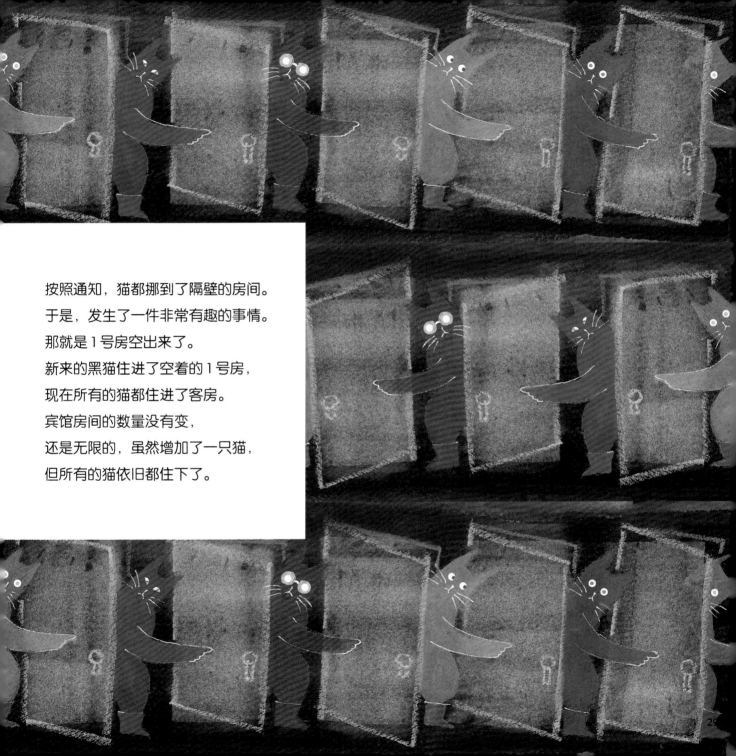

按照通知，猫都挪到了隔壁的房间。
于是，发生了一件非常有趣的事情。
那就是1号房空出来了。
新来的黑猫住进了空着的1号房，
现在所有的猫都住进了客房。
宾馆房间的数量没有变，
还是无限的，虽然增加了一只猫，
但所有的猫依旧都住下了。

如果这家宾馆客房的数量是有限的……

无限集合论具有非常奇怪的特点：

如果房间数量是无限的，那么即使再加一间房，房间数量还是无限的——

无限 +1= 无限。

但如果这家宾馆客房的数量是无限的……

从 2 号房往后的房间与居住的无限多的猫，

在数量上是一一对应关系，

由此可见，从 1 号房到无限号房

和从 2 号房到无限号房，房间的数量是一样的。

同理，无限无论加 2、加 3，还是加 100、加 1000，

结果都是一样的——

无限 +10000= 无限。

数东西的个数，就是在东西和数字之间建立起一一对应关系。
如果善于运用这种一一对应关系，
今后就可以了解更多无限的不可思议的性质了。

# 作者的话

濑山士郎

现在的人都非常了解数字。数数如同呼吸一样，几乎是在我们无意识的情况下，就存在于我们的日常生活之中的。但是，当重新审视数数是什么样的行为时，我们意外地发现这很难说清楚。据说，过去牧羊人让羊和小石子一一对应，每回来一只羊，牧羊人就将一块石子放回口袋，以此来确认羊是否都回来了。如果小石子和羊一一对应，那么石子和羊的数量是相等的；如果小石子有剩余，就说明有羊迷路了没有回来。这里就是利用了数学中的一一对应。如果教室里每把椅子都坐一个学生，老师不用数也能知道有没有学生缺席，这也是同样的道理。

数字是为了代替小石子的。为了代替随身携带的小石子，人们发明了数词，进而发明了数字。这样一来，数字就成为人类文明最重要的基础之一。这本书对最原始的数数方法——一一对应进行了阐释。在猫的尾巴上系上绸带，不用数猫，数一下绸带就可以知道有多少只猫。

这种原始的一一对应被19世纪末期的数学家格奥尔格·康托尔用在研究无限时，从而使现代数学前进了一大步。把东西聚集在一起称为"集合"，两个集合的元素之间如果能一一对应，那么这两个集合中元素的数量就是相等的。将一一对应应用于无限集合，就可以揭开无限神秘的面纱，发现无限不可思议的性质。无限也有大小之分，就是利用这一理论得到的最大的发现。

这本书中所讨论的康托儿宾馆中的无限，是按照1、2、3……这样的顺序排列的，是有序号的无限。不过，我们又知道，直线上点的数量要比有序号的无限多很多。无限是无边无际的，无论你能想到多么大的无限，都会有比它更大的无限。能按照顺序用1、2、3……标记的无限其实是最小的无限。

现代数学对于无限还没有完全研究透彻。除了1、2、3……这样能被数出来的无限和直线上点的无限之外，还会有其他的无限吧？这在现代数学当中，尚无最终定论。（但无论什么样的无限，都不会与既存无限的概念相矛盾。）无限至今仍是数学中最重要的研究对象之一。

**濑山士郎**

1946 年生于日本群马县。毕业于东京教育大学理学系数学专业。群马大学名誉教授，2011 年退休。十分关心下一代的数学教育工作。著作有《零起点学数学》《拓扑学：柔软的几何学》《最初的现代数学》《数学和算术的远近学习法》《计算的秘密》《面积的秘密》等。

**田岛董美**

1946 年生于日本东京。毕业于东京艺术大学。主要插图作品有《白话百人一首》《面积的秘密》《西田几多郎》等。

KAZOETEMIYO MUGEN WO SHIRABERU by Shirou Seyama

Illustrated by Naomi Tajima

Copyright Text © 2012 Shirou Seyama / Illustration © 2012 Naomi Tajima

All rights reserved.

Original Japanese edition published by Sa-e-la Shobo

Simplified Chinese translation copyright © 2021 by Beijing Science and Technology Publishing Co., Ltd.

This Simplified Chinese edition published by arrangement with Sa-e-la Shobo, Tokyo, through HonnoKizuna, Inc., Tokyo, and Shinwon Agency Co. Beijing Representative Office, Beijing

**著作权合同登记号 图字：01-2019-7392**

**图书在版编目（CIP）数据**

数到无限大 / （日）濑山士郎著；（日）田岛董美绘；张彤译 .—北京：北京科学技术出版社，2021.1
ISBN 978-7-5714-1124-4

Ⅰ. ①数… Ⅱ. ①濑… ②田… ③张… Ⅲ. ①数学—普及读物 Ⅳ. ①O1-49

中国版本图书馆CIP数据核字（2020）第169814号

| | |
|---|---|
| 策划编辑：荀 颖 | 电　话：0086-10-66135495（总编室） |
| 责任编辑：张 芳 | 　　　　0086-10-66113227（发行部） |
| 封面设计：沈学成 | 网　址：www.bkydw.cn |
| 图文制作：沈学成 | 印　刷：北京博海升彩色印刷有限公司 |
| 责任印制：李 茗 | 开　本：889mm×1194mm　1/20 |
| 出 版 人：曾庆宇 | 字　数：25千字 |
| 出版发行：北京科学技术出版社 | 印　张：2 |
| 社　　址：北京西直门南大街16号 | 版　次：2021年1月第1版 |
| 邮政编码：100035 | 印　次：2021年1月第1次印刷 |

**ISBN 978-7-5714-1124-4**

定　价：39.00 元